厨房里的技术宅：

写给美味的硬核情书

邹　熙　主编

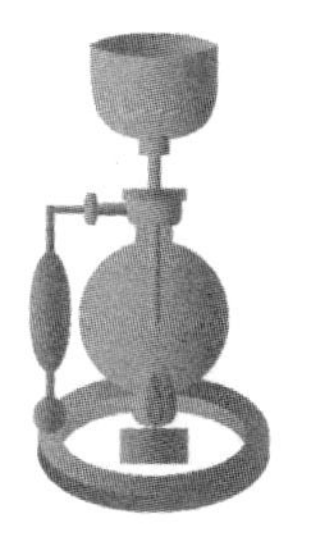

咖啡：

三分钟造梦机器

電子工業出版社
Publishing House of Electronics Industry
北京・BEIJING

图书在版编目（CIP）数据

厨房里的技术宅：写给美味的硬核情书. 咖啡：三分钟造梦机器 / 邹熙主编. -- 北京：电子工业出版社，2021.4
ISBN 978-7-121-40159-6

Ⅰ. ①厨… Ⅱ. ①邹… Ⅲ. ①食品－普及读物②咖啡－普及读物 Ⅳ. ①TS2-49②TS273-49

中国版本图书馆CIP数据核字（2021）第010872号

责任编辑：胡　南
印　　刷：河北迅捷佳彩印刷有限公司
装　　订：河北迅捷佳彩印刷有限公司
出版发行：电子工业出版社
　　　　　北京市海淀区万寿路173信箱　邮编 100036
开　　本：720×1000　1/32　印张：8.875　字数：160千字
版　　次：2021年4月第1版
印　　次：2021年4月第1次印刷
定　　价：98.00元（全五册）

凡所购买电子工业出版社图书有缺损问题，请向购买书店调换。若书店售缺，请与本社发行部联系，联系及邮购电话：（010）88254888，88258888。

质量投诉请发邮件至zlts@phei.com.cn，盗版侵权举报请发邮件至dbqq@phei.com.cn。

本书咨询联系方式：（010）88254210，influence@phei.com.cn，微信号：yingxianglibook。

咖啡：三分钟造梦机器

巴赫说，“如果早晨不喝咖啡，我将心力枯竭，像是一块干瘪的烤羊肉。”咖啡是大多数写作者的“创意吗啡”，三分钟的造梦机器。久坐一天，自己动手泡一杯咖啡，除了缓和紧绷的神经，也是一种惯例的日常。仪式化的过程迫使你放慢一会儿节奏，促使你真正理解你正在做的东西，并和它发生联系。

开篇《从生豆到甜蜜的“苦水”：咖啡杯里的理性》由世界咖啡师大赛冠军詹姆斯·霍夫曼讲述一颗生豆如何吸收宇宙能量，成为一杯甜蜜的苦水。《家庭咖啡冲煮笔记》收集了关于咖啡的实用知识，帮助你在家煮出一杯好咖啡，并介绍了近年流行的夏日咖啡特饮——冷萃咖啡的做法。在《极客咖啡礼物指南》里，我们精心挑选了 12 件礼物，帮助你带领亲朋好友入坑或者陷得更深。珍爱生命，理性成瘾，你之苦水，我之蜜糖。

从生豆到甜蜜的“苦水”：咖啡杯里的理性

作者 | 詹姆斯·霍夫曼　　　译者 | 王琪

一颗生豆是如何吸收宇宙能量，成为一杯甜蜜的苦水的。

咖啡世界时常出现一些很厉害的多面手，作为如今咖啡浪潮的舵手，詹姆斯·霍夫曼可以算是其中的传奇。他曾连续两年获得英国咖啡师大赛冠军，2007年荣获世界咖啡师大赛（WBC）冠军，之后在伦敦与朋友一同创办了Square Mile咖啡烘焙品牌，被许多业内人士称为“冠军烘焙厂”，并与Nuova Simonelli合作，设计出黑鹰咖啡机VA388，后来发现咖啡行业的年轻人不知该如何求职，又建立了信息网站Coffee Jobs Board，早年间还曾以King Sevend之名出过EP，做过播客……

苦于行业内缺少一本全面的咖啡参考书，霍夫曼就自己动手写了一本《世界咖啡地图》。初识精品咖啡的爱好者，很容易被咖啡包装上繁杂的描述吓退：

浅焙、深焙、莓果主调、巧克力气息……咖啡很美妙，但同时也喧闹而令人困惑。因此霍夫曼希望寻求一种确定性的沟通方式，像科学实验一样，可以重复，可以验证，可以参考。对于初学者，这是一份美丽的咖啡豆全球指南，同时也是在家煮出绝妙咖啡的专业秘诀；对于进阶选手，这是一份如字典一般的参考工具，集结了一手信息、专家解析、实用图表、原产地资料和珍贵的产区照片。下面你将看到的就是咖啡职人詹姆斯·霍夫曼从咖啡生豆的烘焙说起，讲述从一颗生豆到一杯咖啡的旅程。

要真正享用你买回家的一包咖啡豆，着实不是件简单的事。咖啡豆的新鲜度、烘焙方式、何时采收、用哪种水质条件冲煮等，都可能严重地影响这杯咖啡最后的风味，而这些不过是所有影响因素的一小部分而已。不过请千万不要吓坏了，我的任务就是引导各位克服这些难题，将你必须了解的知识告诉你。

咖啡烘焙 · Coffee Roasting

咖啡生豆几乎毫无风味可言，直接品尝会有一股颇不讨喜的蔬菜味，但经过烘焙后就转变为难以置信的芳香又复杂的咖啡熟豆。

快或慢？浅或深？

简言之，咖啡的烘焙其实指的就是咖啡豆最后的颜色烘到多深（浅焙或深焙）、花了多长时间（快炒或慢炒）。轻描淡写地说某种咖啡是浅焙是不够的，因为这种咖啡可能是快炒也可能是慢炒，不同的烘焙速度会有截然不同的风味表现，咖啡豆的颜色看起来却十分相近。

咖啡烘焙时，会发生一连串的化学反应，其中许多反应会让重量减少，当然也造成水分的流失。慢炒在14 ~ 20分钟完成烘焙，快炒最快可以在90秒内完成，对一杯较昂贵的咖啡而言，采用慢炒的方式会有更好的风味发展。

烘焙过程中，有三个决定咖啡最后风味的要素必须控制得当：酸味、甜味和苦味。一般而言，总烘焙时间越久，最后留下的酸味就越少；相反，烘焙时间越长则苦味越强，越深焙的咖啡会越苦。

甜味的发展呈现一条钟形曲线，介于酸味与苦味高峰的中间，好的咖啡烘焙商知道如何让咖啡豆达到每个烘焙度里最高的甜蜜点。但是不论使用哪种烘焙法，如果你使

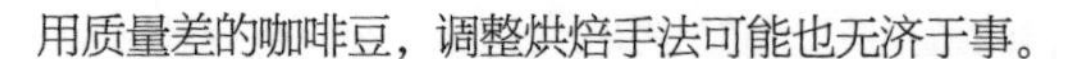
用质量差的咖啡豆，调整烘焙手法可能也无济于事。

采购与保存咖啡豆 · Buying and Storing Coffee

没有任何万全的措施能确保你每次选购咖啡豆时，都能得到很棒的咖啡豆。但有几个重点得牢记：何时烘焙出炉？去哪家店买？如何保存买回家的豆子？这样就能提高享用到好咖啡的概率。

来源可追溯性 / 产地履历

世界上有成千上万的咖啡烘焙商，也有难以计数的咖啡豆庄园以及烘焙方式，我能给的最佳解答是：请尽可能选购来源资料清楚的咖啡豆。

大多数情况下，你可以找到咖啡豆是哪个庄园或哪个合作社生产的，但这样详尽的产地履历并非每个咖啡生产国都能提供。在不同生产国里，咖啡豆交易的每个环节都有不同程度的来源可追溯性。要让一个批次的咖啡豆在整个咖啡供应链中保持完整的产地履历数据，会增加咖啡豆的成本，这意味着只有针对高质量的咖啡才值得投资产地履历的系统。在一个到处都有着道德考虑，又充斥着剥削第三世界国家刻板印象的产业中，能够明确知道一支咖啡豆到底从何而来，就是非常有力的信息。

新鲜度

过去，大多数人并不将咖啡豆当作生鲜食品保存。超市贩卖的咖啡豆包装袋上标示的有效期限通常是烘焙日期后 12 ~ 24 个月内，但是如果真的存放那么久，咖啡尝起来就会十分恐怖。我建议购买咖啡时，请确认包装袋上有清楚的烘焙日期。许多咖啡烘焙商建议消费者购买距烘焙日期起一个月内的咖啡豆，我也这么建议。咖啡豆在烘焙后的前几周有着最鲜活的个性，之后十分不讨喜的老化味道便开始发展。你也可以尝试直接向咖啡烘焙商网络订购。

老化作用

咖啡豆老化时会发生两种现象：首先会缓慢、不断地流失芳香化合物成分。芳香化合物是咖啡的香气与风味的来源，具备高度挥发性。咖啡豆放得越久，化合物流失得越多，咖啡尝起来就越无趣。

第二种现象是氧化及受潮的老化现象，这类现象会发展出不太好的新味道。一旦咖啡尝起来有明显的老化味道时，原有的个性很有可能都已经消失了。老化的咖啡通常尝起来很平淡，带有木头及纸板味。

咖啡豆烘焙得越深，老化速度就越快，因为烘焙时咖啡豆会产生很多小孔，让氧分子以及湿气容易渗透进咖啡豆，同时启动了老化作用。

Tips：新鲜咖啡的黄金法则

1. 选购包装袋上有标示烘焙日期的咖啡豆。
2. 试着只买烘焙后两周内的咖啡豆。
3. 一次只买两周内能喝完的量。
4. 只买未研磨的原豆回家自己磨。

咖啡的品尝和风味描述 · Tasting and Describing Coffee

一旦开始注意到咖啡的风味，人们很快就会进入赏析的阶段。

所谓品尝发生在两个地方：一是我们的口腔，另一个是鼻腔。要学习品尝、讨论咖啡，最好将这两部分分开。第一部分要讨论的是舌头可以感受到的基本味觉：酸、甜、苦、咸以及美味（savouriness）。读到关于一种咖啡的描述时，我们可能会被描述风味的方式吸引，如巧克力味、莓果味或焦糖味，这些风味通常指的是气味，并不发生在口腔内，而是发生在鼻腔内。

大多数人常会搞混嗅觉与味觉，因为要真的将味觉及嗅觉分开来看，的确极度困难。与其把这么复杂的品尝经验一次搞懂，不如试着长时间地专注嗅觉或味觉上的感受，事情就变简单多了。

一包咖啡豆在抵达终端消费者之前，会在旅程中被品鉴许多次。每一次品鉴里，品尝家可能各自寻找着不同的喜好风味。咖啡品尝家会将品尝记录写在一张计分表上。

甜味

这支咖啡豆有多少甜味？甜味是咖啡一个十分讨喜的特点，当然越多越好。

酸味

这支咖啡豆有多少酸味？酸味讨喜吗？假如酸味不讨喜的成分居多，就会被形容为臭酸（sour），讨喜的酸味则尝起来有爽快、多汁的感觉。

对咖啡品鉴初学者而言，酸味是较难的项目，他们可能从没有预料到咖啡里有那么多的酸味，当然过去也不认为酸味是个正向的风味。苹果是个不错的范例，苹果中的酸味是非常美好的，因为可以增加清新的质感。

许多专业人士偏好高酸度咖啡，这可能导致从业人员与最终消费者之间的认知差异。就咖啡产业来说，一些较不寻常的风味像是水果调性，其来源取决于咖啡豆本身的密度大小，一般而言高密度的咖啡有高酸度，同时也有许多有趣的风味。

口感

这支咖啡是否有清淡的、细致的、茶般的口感，或是有丰厚的、鲜奶油般的、厚实的特质？再次强调，不是每样东西都越多越好，低质量的咖啡豆时常有厚实的口感，同时也有较低的酸度，但通常都很难喝。

均衡性

这是品鉴时最难以定义的特质。这些风味是否和谐？是像一首创作完美的乐曲，还是里面有个元素太过突出？是否有某项特质太过强烈？

风味

这个项目不只描述一种咖啡里的各种风味及香气，品鉴者是否喜欢这杯咖啡的表现也要列入参考。许多初学品鉴者在这方面时常感到挫败，他们品尝到的每一款咖啡豆显然都不一样，却无法用足够的词汇来形容。

咖啡的研磨 · Grinding Coffee

新鲜研磨的咖啡粉气味令人精神抖擞，有时单单为了闻咖啡粉的气味就值得买一台磨豆机。相对于购买预先研磨好的咖啡粉，在家研磨咖啡豆可是会为你喝的咖啡带来巨大的改变！

研磨咖啡的目的，是要让咖啡豆在冲煮之前产生足够的表面积以便萃取出封存于咖啡豆内的成分，进而煮出一杯好咖啡。拿未研磨的原豆冲煮，得到的会是一杯非常稀薄的咖啡水，咖啡豆磨得越细，理论上就会有更大的表面积，可以更快地煮出咖啡的味道。

这个原则很重要，尤其当你根据不同的冲煮方式决定咖啡粉要磨多细时。事实上，咖啡粉的粗细与冲煮时间长短相对应，研磨颗粒的一致性因此十分重要。研磨会让咖啡暴露在空气中的表面积增加，表示咖啡的老化会加快，因此最理想的研磨时机就是冲煮前的一刻。

许多喜爱咖啡的人常常想升级设备，我强烈建议优先升级你的磨豆机，较高价的磨豆机通常有较佳的马达及磨盘，能够制造出一致性更棒的研磨颗粒。使用一台高端的磨豆机搭配一台小型家用意式浓缩咖啡机，你可以煮出一杯更好的咖啡；使用廉价的磨豆机，即使搭配市面上顶级的商用意式浓缩咖啡机也煮不出好咖啡。

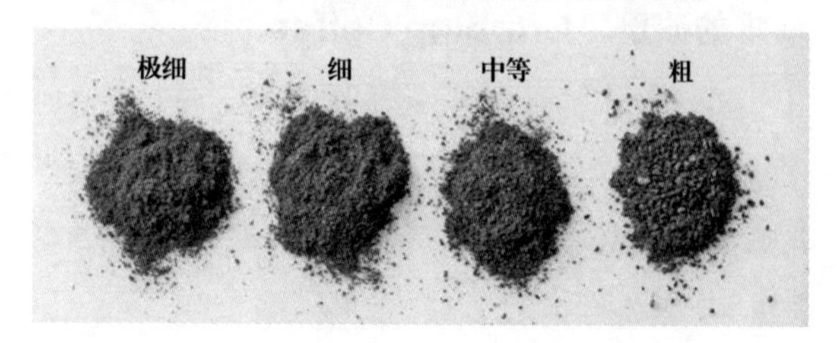

冲煮用水 · Water For Brewing

要煮出一杯好咖啡，水扮演至关重要的角色。一杯咖啡中，水是重要的成分，在意式浓缩咖啡中水占了大约 90%，在滤泡式咖啡中则占 98.5%。假如用来冲泡咖啡的水质不好，咖啡也绝对不可能好喝。在冲煮过程中，水扮演着溶剂的角色，负责萃取出咖啡粉内的风味成分。水的硬度以及矿物质含量会影响咖啡的萃取效率，所以水质相当重要。

水的硬度对热水与咖啡粉之间的交互作用有极大的影响，理想的水应硬度适中，如果硬度过高，就不适合泡咖啡。高硬度的水泡出的咖啡缺乏层次感、甜味及复杂性，此外从实用的角度来说，任何一种需要热水的咖啡机，机器内堆积的水垢很快会造成机器故障。我们其实不希望水里含有其他太多的东西——除了相对含量很低的矿物质。假如你居住在水质中度偏软的地区，只需加上滤水器就可以改善水的味道。假如你居住在水质偏硬的地区，目前最佳解决方式是购买瓶装饮用水煮咖啡，超市的自有品牌瓶装水通常比大品牌的水矿物质含量低。

冲煮基础知识 · Brewing Basics

从作物转变为一杯咖啡的旅程中，最关键的时刻就是冲煮过程。之前的所有努力、咖啡豆所有的潜力以及美味因子，都可能因为错误的冲煮方式而毁于一旦。要煮坏一杯咖啡真的很简单，但只要了解冲煮的基本原则，你就可以得到更好的结果，也更能乐在其中。

咖啡豆的主要成分是纤维素，跟木头很像。纤维素不溶于水，就是我们冲泡完咖啡之后会丢弃的咖啡渣。广义来说除了纤维素以外的咖啡内容物几乎都可溶于水，但是并非所有可溶出物质都是美味的。假如萃出的物质不够，咖啡不但味道稀薄，而且常带有臭酸与涩感，我们称为“萃取不足”；反之，萃出的物质过多，尝起来会带苦、尖锐，并且有灰烬的味道，我们称为“过度萃取”。

人们可以计算出从咖啡粉萃取出多少内容物。过去人们用一个相对简单的方式：冲煮前先称咖啡粉的重量，冲煮后将咖啡渣放到炉火旁烘到完全干燥再称一次，两者的重量差就代表咖啡萃取出的成分比例。现在有人发明了结合特殊的折射器与智能手机的软件，可以很快计算出咖啡粉内成分萃取的比例。总的来说，一杯好咖啡是由咖啡粉内大约 18% ~ 22% 的成分所贡献的，了解如何调整不同的冲煮参数，对改善咖啡质量很有帮助。

精确的测量标准

在咖啡冲煮的领域，一个小小的改变在口味上常常会造成很大的冲击，将咖啡冲煮器放在秤上测量是个好主意，如此可以清楚地知道倒入了多少热水，要记得一毫升的水重量等于一克。这个方式可以大大改善冲泡的质量以及稳定性。一组简单的电子秤并不贵，许多人厨房里原本就有。刚开始可能会觉得这个方式似乎有点太狂热，但一旦开始使用，就再也离不开它了。

牛奶？鲜奶油？糖？

许多对咖啡有兴趣的人都注意到，咖啡从业人员视牛奶和砂糖为一种禁忌。许多人认为这是势利眼的行为，而加不加奶或糖常常是咖啡从业人员与消费者之间争论的话题。

咖啡从业人员时常忘记一件事：大部分咖啡其实都需要搭配某些东西才更容易入口。不当的烘焙或煮坏掉的廉价商业咖啡，尝起来有令人难以想象的苦味并且毫无甜味可言。牛奶或鲜奶油具有阻隔苦味的功能，砂糖则令咖啡更容易入口。

好咖啡应有来自本身的甜味，牛奶能阻隔苦味，却也会抢走咖啡的风味与个性，掩盖了咖啡生产者辛劳的结晶以及微风土条件产生的咖啡个性。我会建议在加入糖或奶之前先尝尝原味，如果黑咖啡状态的风味令你难以入口，再进一步加入牛奶或砂糖。想探究咖啡的美好世界，必须从饮用黑咖啡开始。将时间及精力投资在学习如何欣赏咖啡之美，必能令你得到极大的回报。

家用冲煮器具

法式滤压壶 · The French Press

法式滤压壶又叫煮咖啡用壶（cafetière）或咖啡活塞壶（coffee plunger），或许是所有冲煮咖啡的方式中最被低估的一种煮法。它便宜、操作简单，并且很容易煮出稳定的咖啡。

虽然称为“法式”滤压壶，但最为人熟知的法式滤压壶版本是 1929 年由一名意大利人阿蒂利奥 · 卡利马尼（Attilio Calimani）发明的。大部分的冲煮方式是让水流通过咖啡粉，法式滤压壶则是让咖啡粉与水浸泡在一起，进而达到更一致的萃取。

法式滤压壶的另一个独到之处，是使用金属滤网过滤掉咖啡粉。金属滤网有相对较大的孔径，咖啡中许多不可溶物质会留存在咖啡液里。这样的咖啡有较多的咖啡油脂，以及一些悬浮的细粉渣，尝起来更厚重，口感更扎实。缺点则是杯底为数不少的淤泥般的细粉渣，不小心喝进口里会有很不讨喜的颗粒感。

手冲或滤泡式咖啡 · Pour-over or Filter Brewers

“手冲”一词可用来形容很多种不同的冲煮方法，最常见的是过滤式煮法：让热水通过一层咖啡粉，途中将咖啡粉的风味萃取出来，通常还会使用某些材质过滤咖啡粉，可能是纸或布，甚至是很细的金属网。

简易式杯上过滤器，可能自有咖啡冲煮的历史以来就在使用了，一开始是材质为布料的过滤器，1908 年德国企业家梅莉塔 · 本茨（Melitta Bentz）才发明了纸质过滤器（滤纸）。今日的梅莉塔集团由其孙辈执掌，仍然贩卖滤纸、咖啡豆及咖啡机。

目前市面上许多不同系列的冲煮器材和品牌，都是为了做同一件事，也各有不同的优点及愚蠢之处。往好处看，这种冲泡法背后的原理举世通用，而不同的冲煮器材使用的冲煮技巧，也能够轻易调整。

电动式滤泡咖啡机 · The Electric Filter Machine Method

电动式滤泡咖啡机最大的优点是省去很多猜测的工作，并且提升了一致性，除了保持稳定的咖啡粉量，并注意替机器加入固定分量的冷水，剩下的工作我们可以放心信任这部机器。

不过，大部分的家用电动式滤泡咖啡机常常会煮出难喝的咖啡，主要是因为廉价机没办法将水加热到正确的温度。我强烈推荐购买经过美国精品咖啡协会及欧洲咖啡冲煮中心认证的机器。我也会尽量避免购买有保温垫的机器，将一壶咖啡放在保温垫上保温，会把咖啡的风味都煮光，你可以选择有双层真空保温壶的机种。

爱乐压 · The Aeropress

爱乐压是颇不寻常的咖啡冲煮器材，我至今还没有遇到过任何用过却没有爱上它的人。爱乐压在 2005 年由艾伦 · 阿德勒（Alan Adler）发明，他也是 Aerobie 飞盘的发明人，所以把这个冲煮器材命名为 AeroPress。爱乐压便宜、耐用且携带方便，许多咖啡从业人员四处旅行时都会携带爱乐压，此外清洗起来也十分方便。

爱乐压有趣的地方在于它结合了两种不同的冲煮方式，一开始它让热水和咖啡粉一起浸泡，就像法式滤压壶，但是到了要完成冲泡的阶段，就使用活塞的方式将咖啡液透过滤纸推挤出来，这又有点像意式浓缩咖啡机及滤泡式咖啡机的原理。

相较于其他冲煮器材，爱乐压的配方及冲煮技巧数不胜数。每年甚至有个比赛叫“世界爱乐压大赛”，就为了找出最棒的冲煮技巧，让人们有机会见识爱乐压的可变性有多高。

炉上式摩卡壶 · Stove-top Moka Pot

我很纠结要不要说明摩卡壶普及的程度，因为摩卡壶不是对使用者友善的一种冲煮器具，要煮出好咖啡也不容易。摩卡壶常常会煮出非常浓郁且非常苦的咖啡，但是对意式浓缩咖啡饮用者而言还算能接受。在意大利，几乎家家户户都用摩卡壶煮咖啡。

摩卡壶的专利属于 1933 年的发明者阿方索·比亚莱蒂（Alfonso Bialetti），直到今天比亚莱蒂公司仍在生产。摩卡壶的材质仍然多是铝制的，虽然大多数人希望买到不锈钢材质的。

我对摩卡壶最不能接受的一点是：它会让热水达到太高的温度，因而萃取出非常苦的化合物。因为摩卡壶的高水粉比例，以及相对较短的冲泡时间，要用来泡浅烘焙、密度较高或是酸味及果香特别好的咖啡比较有难度。我建议使用意式浓缩咖啡中较浅度烘焙的咖啡豆，或使用来自略低海拔的咖啡豆，我会避免使用深度烘焙的咖啡豆，因为摩卡壶本来就容易煮出苦味。

虹吸式咖啡壶 · The Vacuum Pot

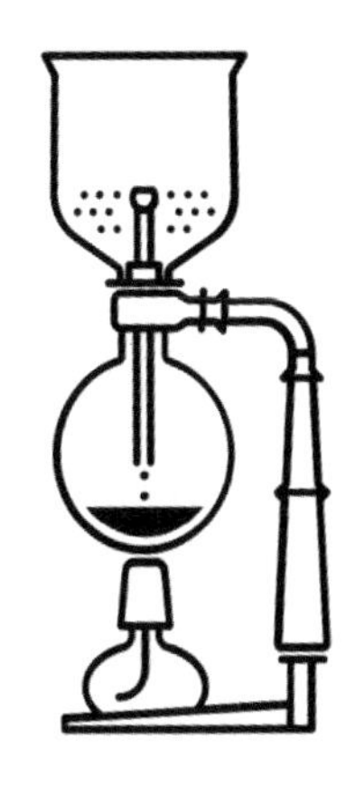

虹吸式咖啡壶是一种非常古老却越来越受欢迎、具有娱乐效果的冲煮方式，但是在许多方面也给人造成了困扰和挫折，最后被塞回橱柜里，或变成展示架上的装饰品。

19 世纪 30 年代，虹吸式咖啡壶首见于德国，专利是由一位法国女士珍妮 · 理查德（Jeanne Richard）取得的。今日虹吸壶的设计和以前相去不远，分为上座及下座两部分，下座装的是水，同时直接加热到沸腾；上座装的是咖啡粉，会插在下壶上面，两者之间须非常密合，才能让下座的蒸汽累积足够的压力，将热水透过玻璃管往上推到上座，到了上座水温会降到沸点以下，温度恰好适合煮咖啡。上座的热水与咖啡互相浸泡一段时间，同时下座必须持续加热。

整个冲煮流程就是个引人入胜的物理现象。然而虹吸壶冲煮法难度非常高，以致大多数人无法正确地操作，试过一两次后便放弃了，这真的很可惜。

意式浓缩咖啡 · Espresso

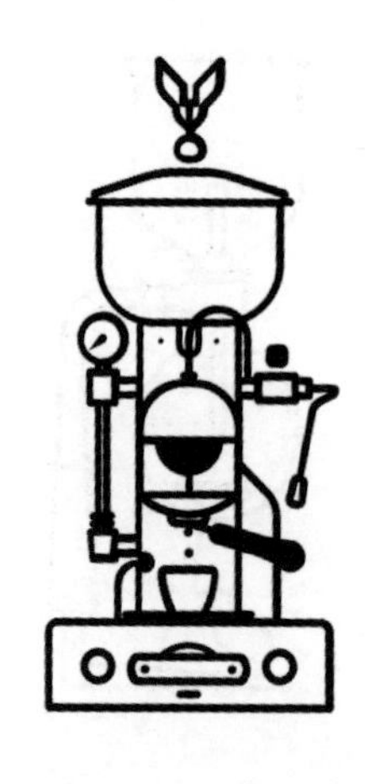

过去50年里，许多人认为意式浓缩咖啡是喝咖啡的最佳方式，这不全然正确，没有任何一种冲煮方式可以真正胜过其他方式。在家以外的地方饮用咖啡时，意式浓缩咖啡顶多可以说是当前最受欢迎的种类。毫无疑问，意式浓缩咖啡是造就咖啡零售业的主要驱动者，不论是今日受到广泛欢迎的意式浓缩咖啡，还是美式快餐文化版本的全球咖啡连锁店。

制作意式浓缩咖啡可以让人既挫败又振奋，我必须郑重警告：除非你真的很想拥有这样新的嗜好，否则绝对不要给家里买一部意式浓缩咖啡机。当你幻想在一个慵懒的周日早晨阅读早报时，能配上两杯亲手做的美味卡布奇诺咖啡，其实事前准备工作与这样的幻想相去甚远（还有事后的清洁工作）。如果只想来两杯咖啡饮品，我建议你跟我一样，到附近一家咖啡馆让专业人士为你服务。不过，的确不是附近的每家咖啡馆都有好咖啡，对想在家里通达意式浓缩咖啡冲泡法的人而言这可是个好理由。

本文整理自《世界咖啡地图（第二版）》（2020.06），詹姆斯·霍夫曼著，王琪等译，由中信出版集团雅信工作室授权发布。

詹姆斯·霍夫曼
（James Hoffmann）

著名咖啡师，2007 年世界咖啡师比赛（WBC）冠军。之后在伦敦创办了 Square Mile 咖啡烘焙品牌，并与 Nuova Simonelli 合作，设计开发出黑鹰咖啡机 VA388。

家庭咖啡冲煮笔记

作者｜杰茜卡·伊斯托、安德烈亚斯·威尔霍夫 **译者**｜李粤梅

一些咖啡知识，还有夏日咖啡特饮——冷萃！

有些人在小型独立咖啡馆第一次品尝到了顺滑、美味的高品质咖啡，然后他们会尝试在家里冲煮咖啡，但不知何故，味道从来都达不到在咖啡馆里喝到的水准，也不知如何改善。互联网上充斥着大量互相矛盾的信息，咖啡师也会给你制造各种困惑，让在家自学冲煮的爱好者们很难改进。咖啡世界里存在大量的术语，就像进入了一个新的社团，成员间彼此都用暗语交流。

这种情况对我们这些家庭冲煮爱好者来说是没有好处的。一方面，一些比较专业的咖啡冲煮方法可能不太适合家庭厨房，甚至完全没有必要。另一方面，从科学层面看，大众对咖啡的原理知之甚少，还有很多披着科

学外衣的伪技术让人难以分辨，它们其实与咖啡冲煮毫无关系，很多咖啡师对此也并不清楚。

在专业的咖啡领域中仍然存在一些诱导式的结论：这才是咖啡的味道，这才是制作咖啡的方法，这才是思考咖啡的方式。事实上，没有任何一种方法绝对正确。如今，许多咖啡师都在努力改变这种现象。我们都会欣赏一杯好咖啡，但我们不必都以同样的方式去欣赏它。如果你是家庭冲煮爱好者，这里有十条关于咖啡知识的实用笔记，帮助你在家煮出一杯好咖啡，开启属于自己的咖啡之旅。

1. 最小化配件指南

大部分冲煮器具都需要额外的配件，如果你还没有这些配件，以下是我最推荐的三种。这份指南基于你想买一件、两件或三件配件来做出推荐，你可以根据预算去选择。

2. 滤纸：漂白（白色）、不漂白（原色棕色）和竹制滤纸

所有滤纸的原色都是棕色。原色滤纸和白色滤纸本质上是一样的，区别在于有没有进行漂白。制造商声称，漂白与否并不会造成咖啡口感的差异。但我不同意这个

购买一件配件	购买两件配件	购买三件配件
刀盘磨豆机	刀盘磨豆机 秤	刀盘磨豆机 秤 鹅颈手冲壶
如果你只想添置一件设备，那就选择刀盘磨豆机，手摇或自动均可。桨叶式磨豆机会把豆子磨成各种大小的颗粒，从细粉到惨不忍睹的一整颗豆。而刀盘磨豆机能减少差异，从而达到更均匀的萃取效果。	如果你希望添置两件设备，第二个选择就是秤，缺乏准确性和统一性，就无法进一步做出改善。不需要买太贵，只要具备这些功能就行：可以精确到小数点后一位；可测量上限至少2000克；体积够大，放得下你的冲煮器具；有去皮功能。	如果你愿意全情投入，第三件要添置的是鹅颈手冲壶。使用普通水壶通常水会流得很快，引起大范围的翻动；或者流得很慢，顺着壶身往下滴。鹅颈手冲壶可以让引导水流的操作更轻松、更一致。如果能缓慢稳定地注水，那么使用锥形滤杯做冲煮时效果会好很多。
最适合搭配 爱乐压、冷萃	最适合搭配 聪明杯、法压壶、虹吸壶、Walkure +第一列	最适合搭配 BeeHouse、Chemex、Hario V60、Kalita Wave、Melitta +第一列 +第二列

观点，原色滤纸会让咖啡带有一种纸的味道。

如果你使用的滤纸是白色的，那么它就是加工过的。但这并不代表它用的是过去常见的氯漂白法。现在大多数高质量的白色滤纸采用的是氧化漂白法，所以不用担心使用漂白过的滤纸时有化学物质渗入咖啡或环境中。

对很多人来说，使用滤纸造成的环境污染仍然是个大问题。大部分滤纸制造商都声称自己的滤纸百分之百可降解，可以和咖啡渣一起用于施肥，但你应该经常向你所使用的滤纸制造商核实这一信息。竹子属于可再生资源，因此也有些制造商开始使用竹子制造滤纸。

3. 趣味萃取实验

想要进一步了解不同的风味分子如何以不同的速度被萃取出来，你可以尝试一个实验，用你最喜欢的手冲器具，分四个阶段冲煮 400 克咖啡液。你还需要一台秤（或一双火眼金睛），称好准确的粉量，准备四个杯子，然后开始。像正常冲煮一样准备好所有东西，但只冲煮 100 克到一个杯子里（第一阶段）。快速把所有东西从秤上移开，把下一个杯子放上去，转移滤杯，把秤清零，再冲 100 克（第二阶段）。重复上述步骤，完成第三和第四阶段，最后每个杯子里都有 100 克咖啡。现在开始品尝。确保按冲煮的顺序品尝每一杯咖啡。这四杯咖啡比较起来如何？最后将这四杯混成一杯，再尝一下味道。这个实验并不完美，但足以说明萃取的各个阶段有何不同。

你的舌头可以判断出一杯咖啡是萃取过度还是萃取不足。一般来说，萃取不足的咖啡缺乏丰满感（意味着你无法品尝到更多咖啡里的不同味道），只有酸味，香气很薄弱或简单，醇厚感也很单薄。萃取过度的咖啡通常过于苦涩，苦味掩盖了咖啡里其他的好风味。咖啡的醇厚度会比较丰满和黏稠。理想口感的咖啡应该处于二者之间，让人们能在咖啡里品尝到更多令人愉悦的风味。

4. 对酸的爱

生长在高海拔地区或富含矿物质的土壤以及火山土壤中的咖啡通常含有更多酸性物质。此外，经过水洗处理法的咖啡一般会比日晒处理法的咖啡酸性更强，这可能是因为日晒会增加咖啡的醇厚度，而醇厚度往往会降低人对酸度的感知。咖啡的 pH 值在 5 左右，纯水的 pH 值是 7（中性），唾液的 pH 值是 6，橙汁的 pH 值是 3。

并不是所有的酸味都是好的。真正能带来愉悦感的，是不同的酸味和其他风味化合物的组合与平衡。总体而言，相对于容易感知的甜味，酸味的出现使一杯咖啡不再平淡无奇。对比一下自制沙拉调料。比如说，将柠檬汁和橄榄油在适当比例下调和，其口感会远远好过纯柠檬汁或纯橄榄油。

酸味是很多咖啡专业人士非常看重的一个特征。被咖啡师称为“平衡”的咖啡，你可能会接受不了。这是需要慢慢培养的，不是天生的，你不必因为不喜欢酸味而感到尴尬。如果你不喜欢酸味，可以寻找风味描述与巧克力、焦糖和花相关的咖啡，避开与水果相关尤其是与柑橘类水果相关的咖啡。

5. 海拔和冲煮

海拔每升高 1000 米，水的沸点就会降低 6℃。这对生活在云端的咖啡爱好者来说意味着什么？水的沸点正好在理想的咖啡冲煮温度范围内（94℃）！

因为海拔越高，咖啡豆的密度越大、越坚硬，你会发现，水从其中排出来花的时间就越长。对于生长在极高海拔的咖啡豆来说，你不需要对冲煮做出什么调整或改变。密度大而坚硬的咖啡豆萃取时间更长。所以萃取速度下降正好符合了实际需求。一如既往地以咖啡的味道作为指导就可以了。另一方面，越低海拔的咖啡豆萃取速度越快。如果你尝试了很多方法后还是觉得咖啡萃取过度了，试着降低水温。

6. 水洗不代表更干净

我听到过某些（身份存疑的）烘焙商向消费者宣称：使用水洗处理法的咖啡比日晒处理法的更干净，而且水洗在某种程度上减少了咖啡豆中毒素的含量。这是毫无依据的。专业用词“水洗”仅指在生豆处理过程中使用水这一介质。诚然，日晒处理过程中存在更大瑕疵的风险，如发霉和腐烂，但适当的人为监管可以消除这些风险。另外，有瑕疵的咖啡豆永远不会送到烘焙商手上。如果生产商向烘焙商销售瑕疵豆，烘焙商会马上发现，而且绝不会向消费者出售这款咖啡豆。

一些专业人士发现，日晒处理法的咖啡比水洗处理法处理的咖啡萃取速度更快，这也代表着更容易萃取过度。如果你发现这种情况，试试将水温降低几摄氏度。

7. 咖啡因

从科学的角度来说，咖啡因是一种天然存在、没有气味的苦味生物碱，存在于咖啡豆和其他植物中，如茶、巴拉圭冬青和可可。严格来说，这是一种精神活性药物，因为它刺激中枢神经系统和自主神经系统，这就是人们喜欢喝咖啡的原因——除此之外，它还可以让你短暂缓解疲劳，并增强注意力。

一杯 6 盎司的咖啡大概含有 100 ~ 200 毫克咖啡因。你可能听说过，烘焙对咖啡豆中的咖啡因含量没有任何影响，因为咖啡因不会在烘焙中增加或者流失。一颗豆就是一颗豆，不论烘焙程度如何，其中的咖啡因含量都不会改变。一杯咖啡的咖啡因含量受以下两方面因素影响：

- 物种 / 变种。罗布斯塔的咖啡因含量是阿拉比卡的两倍：阿拉比卡咖啡豆每 6 盎司含 100 毫克左右的咖啡因，罗布斯塔咖啡豆每 6 盎司含 200 毫克左右的咖啡因。不同品种的阿拉比卡植株中的咖啡因含量也略有不同，但差异并不明显。
- 烘焙程度。什么？刚说过烘焙不影响咖啡因的！对每一颗豆来说，烘焙不影响其咖啡因含量。但在实践中，你还需要考虑重要因素。浅烘焙的咖啡豆比深烘焙的咖啡豆重（1 磅深烘咖啡要比 1 磅浅烘咖啡多出 90 多颗咖啡豆）。因此，如果用重量来衡量，20 克的深烘咖啡豆会比20克的浅烘咖啡豆含有更多的咖啡因。但这仅仅是因为粉量里包含了更多颗咖啡豆。另一方面，浅烘豆子比深烘豆子体积小，因为它们在烘焙过程中不会膨胀太多。所以，如果你用体积来衡量，一勺浅烘豆会比一勺深烘豆的颗数多，这意味着浅烘咖啡里的咖啡因会比深烘的略多。要用科学眼光看问题！

8. 为什么大多数好咖啡来自火山土壤

你会发现很多高品质咖啡都生长在火山附近。不只是咖啡，高品质的葡萄、小麦、茶叶和其他农产品都能在火山土壤中茁壮生长。这是为什么呢？首先，火山土壤含有的矿物质是所有土壤中最多的。科学家认为，火山土壤含有植物所需的主要和次要矿物质，以及微量矿物质和稀土元素，如氮、钙、锌、磷、钾和硼。土壤生物有助于植物生长，火山附近的土壤也会在火山爆发时得到自然补充。和所有农作物一样，咖啡树会吸收土壤里的矿物质。如果不使用适当的技术（或肥料）来维持土壤的健康和营养水平，土壤就会变得贫瘠。火山爆发能使附近的土壤保持新鲜和肥沃。如果不是在火山附近，大多数咖啡都生长在山区。山脉是由地壳运动创造的，往往也含有咖啡种植所需的重要养分。

9. 胆固醇和未过滤的咖啡

研究显示，大量饮用未经滤纸过滤的咖啡可能会稍微提高你的胆固醇水平。咖啡油脂中含有会使胆固醇升高的化合物（咖啡醇），滤纸有效地过滤了此化合物。在咖啡盛行的几百年里，它一直亦毒亦药，广受争议。我读过关于胆固醇和咖啡的文献，但依然是云里雾里。如果你对未过滤咖啡在这方面的争议有所顾虑，请咨询医生。

10. 夏日咖啡特饮：冷萃

冷萃的历史很悠久，可能从发现咖啡开始就有冷萃了。精品咖啡店很久以前就已经在使用这种方法做咖啡。近年来，随着大型咖啡连锁店也开始采用这种做法，冷萃变得越来越受欢迎。冷萃咖啡的口感丰富明亮，顺滑而酸度低，喝起来非常可口。因为咖啡是用冷水冲泡并冷藏的，所以加入冰块后稀释度较小（冰咖啡是将热的浓缩咖啡倒到冰上，会导致咖啡立刻被稀释）。怪不得冷萃是咖啡馆的夏日特饮。

你知道吗？冷萃在家里很容易制作。有各种各样的器具可以帮到你。冷萃是一种一劳永逸的方法，在家里做又很经济实惠。冷萃的容错率很高，即使用的是很便宜的拼配豆也能做出让人惊叹的饮品。此外，把冷萃咖啡液放入密封罐中，可以在冰箱里保存 1 ~ 2 周。

冷水是可以从咖啡中萃取味道的，萃取时间要比使用热水长很多——有时长达 12 ~ 15 小时。不过耐心会得到回报的。漫长的冲泡时间往往会让咖啡产生又甜又丰富的味道，而且几乎感觉不到酸度。咖啡分子的氧化和分解是热咖啡放太久就变得不好喝的原因，所以咖啡不要放太久。而用冷水冲泡咖啡却能缓解这一变化。咖啡可溶性物质的溶解速率不同，那些与苦涩相关的物质会持续溶解。用热水冲泡太长时间的咖啡会萃取过度，味道苦涩。对冷萃来说，水溶解可溶性物质需要很长时间，所以即使经过 12 ~ 15 小时的冲泡，许多苦味化合物也不会溶解。

因为不是所有的咖啡分子都能溶解在冷水中，所以需要放更多的咖啡粉来补充。以下将介绍最基本的法压壶冷萃法和聪明杯的方法。我使用的两种方法中，冷萃原液的粉水比大约都为 1 ： 6，比任何热水冲煮方法使用的分量（1 ： 15 左右）都高得多。然而，你可以根据自己的喜好稀释冷萃原液，加水调整原液的浓度。

冷萃咖啡和热水冲煮的咖啡风味完全不同。有一次我喝到一杯冷萃咖啡，像吃到一个新鲜熟透的番茄——这是我以前从未在热咖啡中尝到的味道。你可以做个有趣的实验，将同一款豆子分别用冷萃和热水法冲煮，对比品尝一下它们的味道。

法压壶冷萃法

研磨机：中粗研磨

粉水比：1 ∶ 8

水温：冷水（冰箱里的水，或者饮用自来水）

冲煮时间：12 小时

原物料：96 克新鲜咖啡豆、600 克冷水

冲煮出 600 克冷萃原液

冲煮方法：

1. 将咖啡豆磨到中粗研磨度，倒入法压壶内，摇晃一下壶身，让咖啡粉铺平。加入冷水，插入柱塞，但不要完全压下去，让滤网与底部之间有一定浸泡咖啡粉的空间。将法压壶放入冰箱，冷泡 12 小时。

2. 将法压壶从冰箱里拿出来，打开盖子，搅拌三次，直到粉末下沉。静置 5 ~ 10 分钟，让大部分细粉沉到容

器底部。然后插入柱塞，但不要往下压。只要把它插进去就可以了，让滤网轻轻没过咖啡原液。这不是法压壶的常规操作方法，但往下压的话，会破坏这壶完美的冷泡咖啡，将刚才好不容易沉到底部的细粉搅动起来。这样做目的是不让咖啡粉通过滤网，避免继续萃取。

3. 将冷泡原液轻轻倒入另一个容器里。享用时，按照 1 ∶ 1 的比例，以冷水稀释原液。一杯原液可以稀释成五杯以上的咖啡。

※ 如果你没有法压壶，也可以用任何有盖的罐子。咖啡倒出来的时候，用滤纸替代法压壶的滤网进行过滤。

聪明杯冷萃法

研磨机：中粗研磨

粉水比：约 1 ∶ 7

水温：冷水（冰箱里的水，或者饮用自来水）

冲煮时间：15 小时

原物料：58 克新鲜咖啡豆、400 克冷水

冲煮出 400 克冷萃原液

冲煮方法：

1. 将滤纸放入聪明杯里，彻底润湿滤纸，把废水倒掉。将咖啡豆研磨到中粗研磨度，倒入聪明杯里，轻轻摇晃，

使咖啡粉铺平，然后倒水进去。

2. 盖上盖子，把聪明杯放入冰箱里。确保聪明杯被放在托板上或冰箱里的平面上，否则里面的液体容易漏在冰箱里。让咖啡浸泡 15 小时。

3. 从冰箱里取出，将冷萃原液倒入另一个有盖的容器中。饮用时使用新鲜冷水稀释原液或按口味稀释。

※ 聪明杯看上去是用来做冷萃的完美器具。它是一个有滤纸和盖子的独立容器。唯一的缺点就是它的容量太小。以上测试中用到的 400 克冷水几乎是它的最大容量了。

本文整理自《手工咖啡》（2019.10），杰西卡 · 伊斯托、安德烈亚斯 · 威尔霍夫著，李粤梅译，由中信出版集团雅信工作室授权发布。

杰西卡 · 伊斯托（Jessica Easto）

伊利诺伊大学创作文学硕士，图书编辑，在家里冲煮咖啡有八年多了。

极客咖啡礼物指南

作者｜云端的小卡

12 件礼物，理性成瘾。

自“鸟窝”和“大副”将咖啡带入这片大陆之后，咖啡因不断地“腐蚀”着我们的灵魂，相信你身边也一定有几个被咖啡因“侵蚀”的人——所以，你是想拯救他们，还是……让他们陷得更深？相信他们会选择后者的。于是，我们帮你选了 12 件适合送给他们的礼物。

瓶瓶罐罐的器具

1

- Chemex 手冲咖啡壶
- 送给化学课代表的礼物

- 38.9 美元起

Chemex 是 1941 年德国人彼得·施伦博姆发明的一种手冲咖啡壶。看照片是不是有点儿实验室烧瓶的感觉？它的发明人还真是一枚如假包换的化学工作者。因为颜值过高，纽约现代艺术博物馆将它作为永久收藏品来展示。Chemex 的独特性在于滤杯与分享壶是融为一体的。它的上半部分有一个空气通道，能够在萃取时充分供给空气，专用的滤纸也比普通滤纸要厚重一倍左右，因此能够冲泡出香浓但不厚重的咖啡。

2

- Hario MSS-1 DTB 手动磨豆机
- 送给手工艺人的礼物
- 198 元

Hario 的经典手动磨豆机，如果你见过实物，会被它的小巧精致吸引。它能非常容易地将咖啡豆磨成粗细均匀的咖啡粉，相比于廉价的电动咖啡磨豆机，显然是一个更好的选择。平时不用它的时候，放在橱窗里也是一件非常好的摆件。超高的颜值为它赢得了各路咖啡馆老板的青睐。如果你去私房咖啡馆，估计能经常在货架上看到它的身影。

3

- ROK Presso 手动浓缩咖啡机
- 送给大力士的礼物
- 189 美元

第一眼看到它时，你可能猜不出来它是用来做咖啡的。这真的可以说是一台集机械、力学和美感于一体的浓缩咖啡机。不用复杂的保养维护，你也能够在家喝上一杯完美的 espresso——只要你有气力。它的使用方法非常简单：倒上热水，放好咖啡粉，然后用力压！

4

- La Marzocco GS3 专业半自动咖啡机
- 送给有志青年的礼物
- 7100 美元起

无论你是打算开一家属于自己的咖啡馆，还是成为专业咖啡师，GS3 都可以说是一个完美的选择。作为一台准专业的半自动浓缩咖啡机，GS3 足以让你做出一杯完美的 espresso，它小巧的身材能够轻松塞进家里的厨房；而 La Marzocco 那金光闪闪的 logo，也能吸引无数人的目光。现在，你只不过缺一个“土豪”朋友了。

5

- 宜家乌普塔咖啡壶
- 送给游戏沉迷者的礼物
- 59 元

法压壶是最简单的冲泡咖啡的器具：洒上咖啡粉，倒入热水，静置五分钟，你就能够获得一杯纯粹的咖啡。用法压壶做出来的咖啡，能够最大限度保留咖啡豆

原本的风味。这种简单纯粹的工具，非常适合传统主义者。送个大容量法压壶给朋友，让他可以在一边看书、打游戏的时候喝到美味的咖啡，不用经常站起来洗杯子。它也很适合泡茶。

好看实用的周边

6

- 一条围裙：TRVR Gentleman's Apron
- 送给绅士的礼物
- 83 美元

好的咖啡师怎么能没有一条好围裙？正如帽子是厨师身份的象征，配上一条帅气的围裙，即使门外汉看起来也能像一位专业的咖啡师。这条“绅士的围裙”可以说是咖啡师的终极选择。内衬口袋能够装下品鉴手册，因此你能够在第一时间记录下每一杯咖啡的味道。最重要的是，它很耐脏！换上钳子、尺子、螺丝刀，一秒变身摩托车修理工。

7

- 一包咖啡豆
- 送给最亲密朋友的礼物
- 50 ~ 500 元

一包新鲜烘焙的咖啡豆绝对是任何咖啡爱好者最想收到的礼物。但送咖啡豆给朋友是一件考验友情的事，其难度不亚于为女士选口红。专业的咖啡爱好者不仅有自己喜欢的风味，甚至会专门挑选特定庄园的咖啡豆。所以，这真的是一个很难选择的礼物。如果不打算给对方惊喜，最好送之前问问他（她）的偏好。

8

- KeepCup 随行杯
- 送给通勤族的礼物
- 9 ~ 24 美元

对于喜欢喝咖啡的通勤族来说，一个适合装咖啡的杯子可以说是再好不过的随身装备。KeepCup 咖啡杯可以反复使用，带着它去咖啡店买咖啡，不仅可以节省很多一次性纸杯，还有可能省钱。旅行的时候，带上它和爱乐压，基本上是想在哪儿喝，就在哪儿喝。KeepCup 现在有非常多的款式，还可以定制配色，总有一款你会喜欢。

9

- Pop Chart Lab 咖啡信息图海报
- 送给极客咖啡店主的礼物
- 30 美元

什么东西能够迅速提升咖啡店的格调？自然是咖啡海报啊！在店里挂几张咖啡的海报，既能够更加方便地向顾客介绍不同的咖啡，也能提高自己的理论水平。不过，选海报时一定要注意适合店内风格。如果一间文艺范儿的咖啡馆的墙上贴了一张咖啡因的分子式，可能就不太合适了。

奇奇怪怪的好东西

10

- 《咖啡里的水》（*Water for Coffee: Science Story Manual*）
- 送给死理性派的礼物

· 26.99 英镑

不要以为一杯咖啡的味道只由咖啡豆决定，冲泡咖啡的水也非常重要！水对咖啡味道的影响非常大，无论是水温还是水的种类。好的咖啡师能够分辨出用不同的水冲泡出来的咖啡。所以，如果你有一位死理性派咖啡师朋友，不妨送他一本书。在他仔细研读之后，你也有机会从他那里蹭到一杯味道更好的咖啡。

11

· Soma 滤水壶

· 送给设计师的礼物

· 49 美元

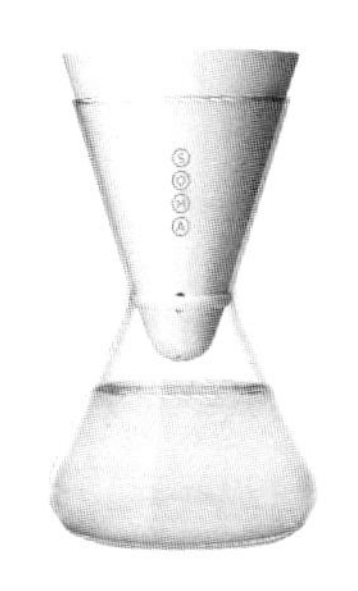

如果你刚好读了上面那本书，大概能够明白水对咖啡味道会有多大影响了。一个 Soma 滤水壶，能够帮助你获得更纯净的水，泡出来的咖啡自然也会有更好的味道。而且它的颜值极高，透明的玻璃和纤腰的造型，与朴实的传统滤水壶相比，Soma 吸引人得多。即使你不喝咖啡，考虑到现在的自来水水质，家中常备一个滤水壶还是挺有必要的，不是吗？

12

- 超文本咖啡壶控制协议
- 送给技术宅的礼物
- 免费

超文本咖啡壶控制协议（Hyper Text Coffee Pot Control Protocol）是互联网工程任务组（IETF）虚构的协议，在 1998 年 4 月 1 日发布，是一个恶搞 RFC。该协议被设计为一个类似 HTTP 的协议，可以用于控制、监测和诊断咖啡壶。这个协议还定义了两种错误答复：406 Not Acceptable（无法接受）、418 I'm a teapot（我是茶壶）。2014 年，IETF 发布 HTCPCP 的扩展 RFC7168，正式支持茶壶。

云端的小卡

学了四年自动化，却在靠写稿卖字维持生计；致力于减慢熵增速度，平时却以折腾为乐。

执行策划：

不知知（炸鸡：100% 满足脆皮之欲）

不知知（咖啡：三分钟造梦机器）

不知知（日本料理：家庭料理之心）

荣　妍（意大利面：面与酱的繁文缛节）

纪宇彪（食物技术革新：从古早到未来）

微信公众号：离线（theoffline）

微博：@ 离线 offline

知乎：离线

网站：the-offline.com

联系我们：AI@the-offline.com

巴赫说，如果早晨不喝咖啡，我将心力枯竭，像是一块干瘪的烤羊肉。咖啡是三分钟的造梦机器，为写作者的灵感输送能源。久坐一天，自己动手泡一杯咖啡，除了缓和紧绷的神经，也成为每日的惯例。仪式化的动作迫使你放慢节奏，真正理解你正在做的东西，并和它发生联系。

上架建议 科技 · 文化
ISBN 978-7-121-40159-6
定价：98.00元（全五册）

责任编辑：胡　南
插画设计：于海天
封面设计：MXK DESIGN STUDIO Q:1765628429 于海天

厨房里的技术宅：写给美味的硬核情书

咖啡：三分钟造梦机器

GEEKS IN THE KITCHEN: **COFFEE**

邹 熙 主编

中国工信出版集团
電子工業出版社
PUBLISHING HOUSE OF ELECTRONICS INDUSTRY
http://www.phei.com.cn